中国地质大学(武汉)实验教学系列教材
中国地质大学(武汉)实验技术研究经费资助
国家自然科学基金青年基金(41701446)资助
国家自然科学基金面上项目(41971356)资助

移动互联网地图实践教程

YIDONG HULIANWANG DITU SHIJIAN JIAOCHENG

主　编　郭明强　黄　颖
副主编　魏东琦　赵延毫
　　　　耿振坤　韩成德

中国地质大学出版社
ZHONGGUO DIZHI DAXUE CHUBANSHE

内容简介

本书内容由浅入深,循序渐进,涵盖了基于百度地图 Android SDK 的移动 GIS 开发技术的全部知识点。本书共 15 个实验,提供相应的程序实例,主要包括移动互联网地图开发实验环境配置、互联网地图显示、移动设备定位、多源地图加载、兴趣点标注、图形绘制、图文标注、绘制 Overlay、POI 检索、地理编码、路线规划等移动互联网地图应用功能。

本书可用于开设 GIS 专业的各大院校作为网络 GIS、移动 GIS、互联网软件开发等相关课程的教材和教辅参考书,也可供 GIS 领域科研工作者、高校师生及 IT 技术人员作为技术参考书。

图书在版编目(CIP)数据

移动互联网地图实践教程/郭明强,黄颖主编.—武汉:中国地质大学出版社,2019.8
(2022.1重印)
中国地质大学(武汉)实验教学系列教材

ISBN 978-7-5625-4610-8

Ⅰ.①移…
Ⅱ.①郭… ②黄…
Ⅲ.①地理信息系统-高等学校-教材
Ⅳ.①P208.2

中国版本图书馆 CIP 数据核字(2019)第 157901 号

移动互联网地图实践教程	郭明强 黄 颖	主 编
	魏东琦 赵延毫 耿振坤 韩成德	副主编

责任编辑:王 敏		责任校对:张咏梅
出版发行:中国地质大学出版社(武汉市洪山区鲁磨路388号)		邮政编码:430074
电 话:(027)67883511 传 真:(027)67883580		E-mail:cbb@cug.edu.cn
经 销:全国新华书店		http://cugp.cug.edu.cn
开本:787毫米×1 092毫米 1/16	字数:148千字	印张:5.75
版次:2019年8月第1版		印次:2022年1月第2次印刷
印刷:湖北睿智印务有限公司		印数:501—1500 册
ISBN 978-7-5625-4610-8		定价:23.00

如有印装质量问题请与印刷厂联系调换

中国地质大学(武汉)实验教学系列教材

编委会名单

主　任：刘勇胜

副主任：徐四平　殷坤龙

编委会成员：(按姓氏笔画排序)

　　文国军　朱红涛　祁士华　毕克成　刘良辉

　　阮一帆　肖建忠　陈　刚　张冬梅　吴　柯

　　杨　喆　金　星　周　俊　章军锋　龚　健

　　梁　志　董元兴　程永进　窦　斌　潘　雄

选题策划：

　　毕克成　李国昌　张晓红　赵颖弘　王凤林

前　言

在 GIS 开发领域，移动 GIS 开发技术层出不穷，如天地图 Android SDK 和百度地图 Android SDK 的陆续推出，得益于百度地图厂商资源的丰富性，百度地图 Android SDK 便成为移动 GIS 开发技术中的佼佼者，备受广大开发者青睐。对于移动 GIS 开发而言，可视化是基础，一个优秀的可视化框架就好比一柄利器。百度地图 Android SDK 是一个具备简便、高性能、扩展性强等特性的轻量级移动 GIS 可视化开发包，尤其在定位、POI 数据、路线规划数据可视化表达与分析方面有极其优秀的表现，且可与其他 GIS 服务器开发平台无缝对接，非常实用。因此，对于广大 GIS 开发者而言，百度地图 Android SDK 无疑成为移动 GIS 应用开发的最佳选择之一。百度地图 Android SDK 作为移动 GIS 开发包，目前拥有众多活跃用户，网络上学习资源也较多，但大都零散，不成体系，不利于系统学习。

笔者长期从事有关网络 GIS 和移动 GIS 的理论方法研究、教学与应用开发工作，已有 10 余年的 GIS 相关科研经验和应用开发基础，为本实践教材的编写打下了扎实的知识基础。本书由中国地质大学(武汉)实验技术研究经费和国家自然科学基金青年基金(41701446)资助，从移动互联网地图开发涉及的环境部署到百度地图 Android SDK 的各功能的开发，全书涵盖百度地图 Android SDK 开发必知必会的全部内容，需要读者重点掌握。内容按照原理讲解、实现过程、代码解析的编排顺序讲解，循序渐进，使读者更容易掌握知识点；同时对重点代码作了大量注释和讲解，以便于读者更加轻松地学习。

本教材面向广大 GIS 开发者，内容编排遵循一般学习曲线，由浅入深、循序渐进地介绍了百度地图 Android SDK 开发的相关知识点，内容完整，实用性强，既有详尽的理论阐述，又有丰富的案例程序，使读者能容易、快速、全面地掌握基于百度地图 Android SDK 的移动 GIS 应用开发编程技术。对于初学者来说，没有任何门槛，按部就班跟着教程实例编写代码即可。无论读者是否拥有移动 GIS 编程经验，都可以借助本教程来系统了解和掌握基于百度地图 Android SDK 的移动 GIS 开发所需的技术知识点，为开发移动互联网地图应用奠定良好基础。

教程资源：

本书提供配套的全部示例源码，主要代码是根据百度地图 Android SDK 示例编写而成，每个实验对应的示例均可独立运行，可快速查看演示效果与完整源码，可通过微信扫描二维码下载源码工程。

百度地图 Android SDK 线上资源：http://lbsyun.baidu.com/index.php?title=androidsdk。

教材中的实验主要参考了百度地图 Android SDK 官方示例，在此表示诚挚的谢意。教材的出版得到中国地质大学（武汉）实验室与设备管理处和教务处的鼎力支持，在此表示诚挚的谢意。同时向教材所涉及参考资料的所有作者表示衷心的感谢。

因作者水平有限，书中难免存在不足之处，敬请读者批评指正。

编者

2019 年 4 月于武汉

目　录

实验一　实验环境配置 ……………………………………………………………… (1)
　一、实验目的 …………………………………………………………………………… (1)
　二、实验学时安排 ……………………………………………………………………… (1)
　三、实验准备 …………………………………………………………………………… (1)
　四、实验内容 …………………………………………………………………………… (1)

实验二　互联网地图显示 …………………………………………………………… (6)
　一、实验目的 …………………………………………………………………………… (6)
　二、实验学时安排 ……………………………………………………………………… (6)
　三、实验准备 …………………………………………………………………………… (6)
　四、实验内容 …………………………………………………………………………… (6)

实验三　移动设备定位 ……………………………………………………………… (13)
　一、实验目的 …………………………………………………………………………… (13)
　二、实验学时安排 ……………………………………………………………………… (13)
　三、实验准备 …………………………………………………………………………… (13)
　四、实验内容 …………………………………………………………………………… (13)

实验四　多源地图加载 ……………………………………………………………… (17)
　一、实验目的 …………………………………………………………………………… (17)
　二、实验学时安排 ……………………………………………………………………… (17)
　三、实验准备 …………………………………………………………………………… (17)
　四、实验内容 …………………………………………………………………………… (17)

实验五　地图控件加载 ……………………………………………………………… (23)
　一、实验目的 …………………………………………………………………………… (23)
　二、实验学时安排 ……………………………………………………………………… (23)
　三、实验准备 …………………………………………………………………………… (23)
　四、实验内容 …………………………………………………………………………… (23)

实验六　兴趣点标注 ………………………………………………………………… (28)
　一、实验目的 …………………………………………………………………………… (28)

二、实验学时安排 ……………………………………………………………………（28）
　　三、实验准备 ………………………………………………………………………（28）
　　四、实验内容 ………………………………………………………………………（28）

实验七　绘制线 ………………………………………………………………………（32）
　　一、实验目的 ………………………………………………………………………（32）
　　二、实验学时安排 …………………………………………………………………（32）
　　三、实验准备 ………………………………………………………………………（32）
　　四、实验内容 ………………………………………………………………………（32）

实验八　绘制弧线、圆和面 …………………………………………………………（38）
　　一、实验目的 ………………………………………………………………………（38）
　　二、实验学时安排 …………………………………………………………………（38）
　　三、实验准备 ………………………………………………………………………（38）
　　四、实验内容 ………………………………………………………………………（38）

实验九　添加文字和信息框 …………………………………………………………（43）
　　一、实验目的 ………………………………………………………………………（43）
　　二、实验学时安排 …………………………………………………………………（43）
　　三、实验准备 ………………………………………………………………………（43）
　　四、实验内容 ………………………………………………………………………（43）

实验十　添加点动画 …………………………………………………………………（47）
　　一、实验目的 ………………………………………………………………………（47）
　　二、实验学时安排 …………………………………………………………………（47）
　　三、实验准备 ………………………………………………………………………（47）
　　四、实验内容 ………………………………………………………………………（47）

实验十一　绘制 Overlay ……………………………………………………………（52）
　　一、实验目的 ………………………………………………………………………（52）
　　二、实验学时安排 …………………………………………………………………（52）
　　三、实验准备 ………………………………………………………………………（52）
　　四、实验内容 ………………………………………………………………………（52）

实验十二　Overlay 批量添加和删除 ………………………………………………（57）
　　一、实验目的 ………………………………………………………………………（57）
　　二、实验学时安排 …………………………………………………………………（57）
　　三、实验准备 ………………………………………………………………………（57）
　　四、实验内容 ………………………………………………………………………（57）

实验十三　POI 检索 ·· (61)

　一、实验目的 ·· (61)

　二、实验学时安排 ·· (61)

　三、实验准备 ·· (61)

　四、实验内容 ·· (61)

实验十四　地理编码 ·· (69)

　一、实验目的 ·· (69)

　二、实验学时安排 ·· (69)

　三、实验准备 ·· (69)

　四、实验内容 ·· (69)

实验十五　路线规划 ·· (74)

　一、实验目的 ·· (74)

　二、实验学时安排 ·· (74)

　三、实验准备 ·· (74)

　四、实验内容 ·· (74)

主要参考文献 ··· (79)

实验一　　实验环境配置

一、实验目的

（1）了解安卓端百度地图 SDK 开发的一般基本流程。

（2）掌握百度 SDK 安卓开发环境部署的步骤，在 Android Studio 中创建一个 Android 项目，并在项目中集成 BaiduMap SDK。

二、实验学时安排

2 个学时

三、实验准备

实验平台：Android Studio
开发语言：Java
实验数据：百度地图

四、实验内容

1. 下载开发包

普通的地图服务和包含步骑行导航的地图服务需要下载不同的开发包，下载链接如下：http://lbsyun.baidu.com/index.php?title＝sdk/download&action♯selected＝mapsdk_basicmap，mapsdk_searchfunction，mapsdk_lbscloudsearch，mapsdk_calculationtool，mapsdk_radar。

下载普通开发包，第二行选择"基础地图（含室内图）"服务，显示结果如图 1-1 所示。

图 1-1　基础地图服务

下载步骑行导航的开发包,第二行选择"步骑行导航(含基础地图)",显示结果如图 1-2 所示。

图 1-2　步骑行导航

注:其他的功能如定位服务、检索功能、全景图功能等则根据您的开发需要下载。

2. 将开发包拷贝至工程(截图以普通地图服务的开发包为例)

(1)添加 jar 文件:打开解压后的开发包文件夹,找到 BaiduLBS_Android.jar 文件将其拷贝至工程的 app/libs 目录下,显示结果如图 1-3 所示。

图 1-3　添加 jar 文件

(2)添加 so 文件:有两种方法可以往项目中添加 so 文件。

方法一:

在下载的开发包中拷贝需要的 CPU 架构对应的 so 文件文件夹到 app/libs 目录下,显示结果如图 1-4 所示。

libs 目录(如果您的项目中已经包含该目录,不用重复创建),在下载的开发在 app 目录下的 build.gradle 文件中 android 块中配置 sourceSets 标签,如果没有使用该标签则新增,详细配置代码如下。

```
sourceSets {
        main {
            jniLibs.srcDir 'libs'
        }
    }
```

图 1-4　添加 so 文件方法一

注意:jar 文件和 so 文件的版本号必须一致,并且保证 jar 文件与 so 文件是同一版本包取出的。

方法二:

在 src/main/目录下新建 jniLibs 文件夹,拷贝项目中需要的 CPU 架构对应的 so 文件文件夹到 jniLibs 目录,显示结果如图 1-5 所示。

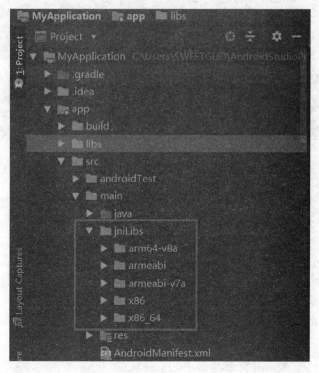

图 1-5　添加 so 文件方法二

3. 往工程中添加 jar 包

在工程配置中需要将前面添加的 jar 文件集成到工程中。

方法一：

在 libs 目录下，选中每一个 jar 文件（此处只有一个 BaiduLbs_Android.jar），右键选择 Add As Library，显示结果如图 1-6 所示。

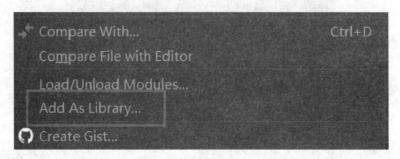

图 1-6　添加 jar 方法一

此时会发现在 app 目录的 build.gradle 的 dependencies 块中生成了工程所依赖的 jar 文件的对应说明，显示结果如图 1-7 所示。

```
implementation fileTree(include: ['*.jar'], dir: 'libs')
implementation 'com.android.support:appcompat-v7:28.0.0'
implementation 'com.android.support.constraint:constraint-layout:1.1.3'
testImplementation 'junit:junit:4.12'
androidTestImplementation 'com.android.support.test:runner:1.0.2'
androidTestImplementation 'com.android.support.test.espresso:espresso-core:3.0.2'
implementation files('libs/BaiduLBS_Android.jar')
```

图 1-7　build.gradle 下 jar 文件

注意：最新版本的 Android Studio 中 compile 被替换为 implementation，具体的写法与 Android Studio 版本有关。

方法二：

①菜单栏选择 File -> Project Structure。

②在弹出的 Project Structure 对话框中选中左侧的 Modules 列表下的 app 目录，然后点击右侧页面中的 Dependencies 选项卡，显示结果如图 1-8 所示。

③点击左下角加号"□"选择 Jar dependency，然后选择要添加的 jar 文件即可（此处为拷贝至 libs 目录下的 BaiduLBS_Android.jar），显示结果如图 1-9 所示。

完成上述操作之后，在 app 目录的 build.gradle 的 dependencies 块中生成了工程所依赖的 jar 文件的对应说明，见方法一。到此已经完成了安卓端百度地图开发环境的配置。

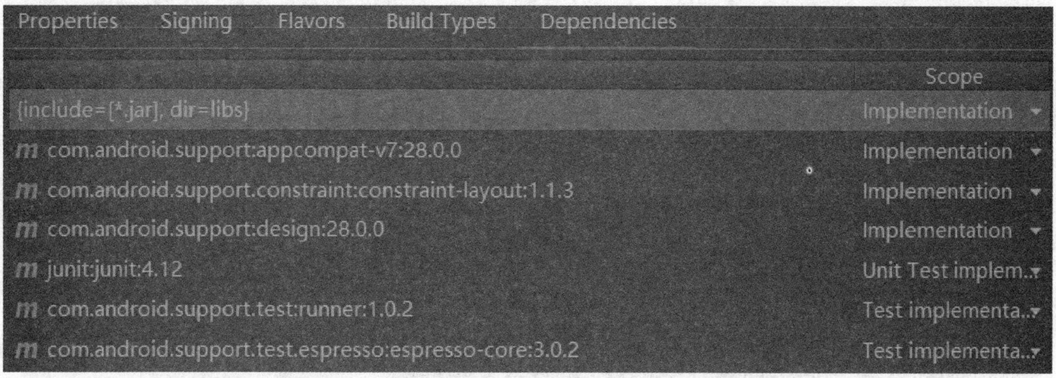

图 1-8 依赖 Dependencies 选项卡

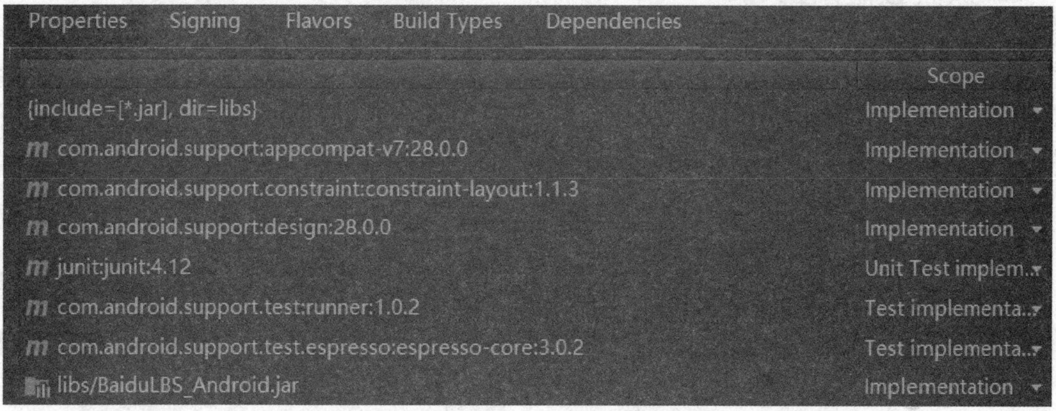

图 1-9 jar 包添加

实验二　互联网地图显示

一、实验目的

(1)了解安卓端百度地图 SDK 开发的一般基本流程。
(2)掌握百度地图显示的功能实现过程。

二、实验学时安排

2 个学时

三、实验准备

实验平台:Android Studio
开发语言:Java
实验数据:百度地图

四、实验内容

百度地图 SDK 为开发者提供了便捷的使用百度地图的接口,通过以下几步操作,即可在应用中显示百度地图。

1. 注册和获取开发密钥(AK)

百度地图 SDK 开发密钥的申请地址为:http://lbsyun.baidu.com/apiconsole/key,显示结果如图 2-1 所示。

登录后将进入 API 控制台,显示结果如图 2-2 所示。

点击"创建应用"开始申请开发密钥,显示结果如图 2-3 所示。

填写"应用名称",注意应用类型选择"Android SDK",正确填写"SHA1"和"程序包名"(SHA1 和包名的获取方法见下文),显示结果如图 2-4 所示。

图 2-1　百度账号登录

实验二　互联网地图显示

图 2-2　API 控制台

图 2-3　创建应用(一)

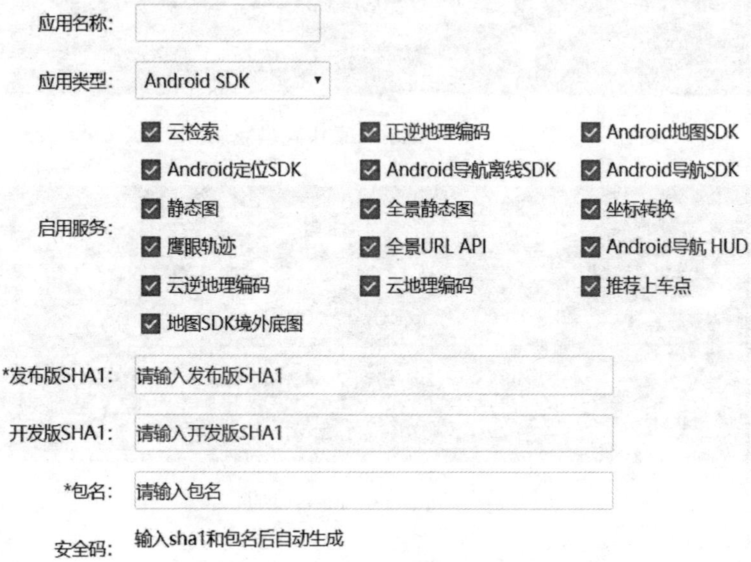

应用名称:	
应用类型:	Android SDK ▼
启用服务:	☑ 云检索　　☑ 正逆地理编码　　☑ Android地图SDK ☑ Android定位SDK　☑ Android导航离线SDK　☑ Android导航SDK ☑ 静态图　　☑ 全景静态图　　☑ 坐标转换 ☑ 鹰眼轨迹　☑ 全景URL API　☑ Android导航 HUD ☑ 云逆地理编码　☑ 云地理编码　　☑ 推荐上车点 ☑ 地图SDK境外底图
*发布版SHA1:	请输入发布版SHA1
开发版SHA1:	请输入开发版SHA1
*包名:	请输入包名
安全码:	输入sha1和包名后自动生成

图 2-4　创建应用(二)

填写以上内容之后点击"提交"会生成该应用的 AK,到这就可以使用 AK 来完成开发工作了。

注意:同一个 AK 中,可以填写开发版 SHA1 和发布版 SHA1,这样从 app 开发、测试到发布整个过程中均不需要改动 AK。

此功能完全兼容以前的 AK,默认将原有的 SHA1 放在发布版 SHA1 上,开发者也可自己更新,将原有的开发版本的 AK 和发布版本的 AK 对应的 SHA1 值合并后使用。

其中,获取包名的方式是打开 AndroidManifest.xml 文件找到 package 的属性,并在 app 目录下的 build.gradle 文件中找到 applicationId,并确保其值与 AndroidManifest.xml 中定义的 package 相同,显示结果如图 2-5 和图 2-6 所示。

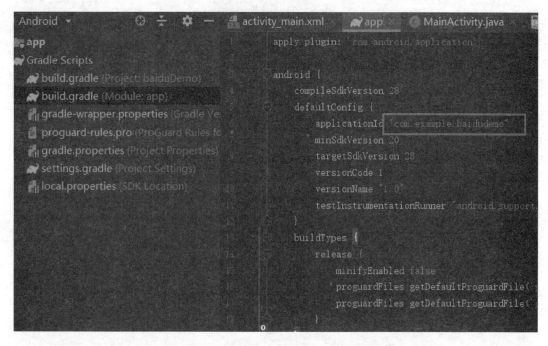

图 2-5 build.gradle 中包名获取

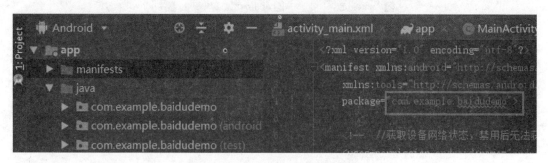

图 2-6 AndroidManifest 的包名

获取 SHA1 的方法是找到 gradle 属性框选择 signingReport 文件,如图 2-6 所示,双击,在控制台就会显示 SHA1,显示结果如图 2-7 和图 2-8 所示。

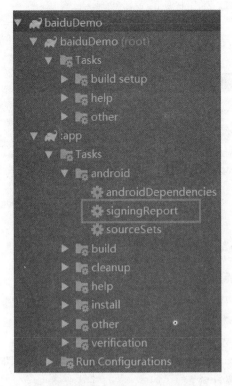

图 2-7　signingReport 文件

图 2-8　SHA1

2. 配置 AndroidManifest.xml 文件

在＜application＞中加入如下代码配置开发密钥（AK），代码如下所示。

＜application＞
＜meta-data
　　　android：name＝"com. baidu. lbsapi. API_KEY"
　　　android：value＝"开发者 key" /＞
＜/application＞

开发密钥如图 2-9 所示。

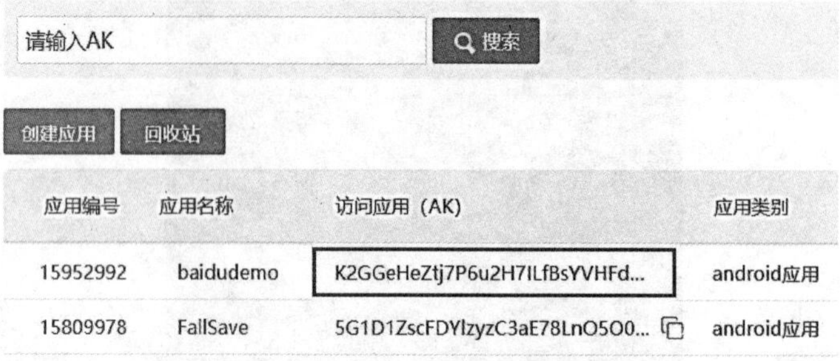

图 2-9 百度开发密钥

3. 在 <application/> 外部添加权限声明

//获取设备网络状态,禁用后无法获取网络状态
＜uses-permission android：name＝"android.permission.ACCESS_NETWORK_STATE" /＞
//网络权限,当禁用后,无法进行检索等相关业务
＜uses-permission android：name＝"android.permission.INTERNET" /＞
//读取设备硬件信息,统计数据
＜uses-permission android：name＝"android.permission.READ_PHONE_STATE " /＞
//读取系统信息,包含系统版本等信息,用作统计
＜uses-permission android：name＝"com.android.launcher.permission.READ_SETTINGS" /＞
//获取设备的网络状态,鉴权所需网络代理
＜uses-permission android：name＝"android.permission.ACCESS_WIFI_STATE" /＞
//允许 sd 卡写权限,需写入地图数据,禁用后无法显示地图
＜uses-permission android：name＝"android.permission.WRITE_EXTERNAL_STORAGE" /＞
//这个权限用于进行网络定位
＜uses-permission android：name＝"android.permission.WRITE_SETTINGS" /＞
//这个权限用于访问 GPS 定位
＜uses-permission android：name＝"android.permission.ACCESS_COARSE_LOCATION" /＞
//获取统计数据
＜uses-permission android：name＝"android.permission.ACCESS_FINE_LOCATION " /＞
//使用步行 AR 导航,配置 Camera 权限
＜uses-permission android：name＝"android.permission.CAMERA" /＞
//程序在手机屏幕关闭后后台进程仍然运行
＜uses-permission android：name＝"android.permission.WAKE_LOCK" /＞

4. 在布局文件中添加地图容器

MapView 是 View 的一个子类,用于在 Android View 中放置地图。MapView 的使用方法与 Android 提供的其他 View 一样。

```xml
<com.baidu.mapapi.map.MapView
    android:id="@+id/bmapView"
    android:layout_width="match_parent"
    android:layout_height="match_parent"
    android:clickable="true" />
```

5. 地图初始化,创建地图 Activity,管理 MapView 生命周期

以下是示例代码简述对地图生命周期的管理。

```java
public class MainActivity extends AppCompatActivity {
    private MapView mMapView = null;
    @Override
    protected void onCreate(Bundle savedInstanceState) {
        super.onCreate(savedInstanceState);
        //在使用SDK各组件之前初始化context信息,传入ApplicationContext
        SDKInitializer.initialize(getApplicationContext());
        //自4.3.0起,百度地图SDK所有接口均支持百度坐标和国测局坐标,用此方法设置您使用的坐标类型。
        //包括BD09LL 和 GCJ02两种坐标,默认是BD09LL坐标。
        SDKInitializer.setCoordType(CoordType.BD09LL);
        setContentView(R.layout.activity_main);
        //获取地图控件引用
        mMapView = (MapView) findViewById(R.id.bmapView);
    }
    @Override
    protected void onResume() {
        super.onResume();
        //在activity执行onResume时执行mMapView.onResume(),实现地图生命周期管理
        mMapView.onResume();
    }
    @Override
    protected void onPause() {
        super.onPause();
```

//在 activity 执行 onPause 时执行 mMapView.onPause(),实现地图生命周期管理
  mMapView.onPause();
}
@Override
protected void onDestroy() {
  super.onDestroy();
  //在 activity 执行 onDestroy 时执行 mMapView.onDestroy(),实现地图生命周期管理
  mMapView.onDestroy();
}
}

6. 结果显示

完成以上工作即可在应用中显示地图,显示结果如图 2－10 所示。

图 2－10　百度地图显示

实验三　移动设备定位

一、实验目的

(1)了解安卓端百度地图 SDK 开发的一般基本流程。
(2)掌握百度地图定位显示功能的实现过程。

二、实验学时安排

2 个学时

三、实验准备

实验平台：Android Studio
开发语言：Java
实验数据：百度地图

四、实验内容

Android 定位 SDK 产品，支持全球定位，能够精准地获取经纬度信息。根据开发者的设置，在国内获得的坐标系类型可以是国测局坐标、百度墨卡托坐标和百度经纬度坐标；在海外地区，只能获得 WGS84 坐标。在使用过程中注意坐标选择。定位 SDK 默认输出 GCJ02 坐标，地图 SDK 默认输出 BD09ll 坐标。通过以下几步便可以在自己的地图中展示当前所在位置的定位点。

1. 定位功能

确保你的开发包中包含基本定位功能或者其他的定位功能，该选项在下载开发包时默认不会被选中，显示结果如图 3-1 所示。

2. 配置 AndroidManifest.xml 文件

(1)加入如下权限使用声明。

<!--这个权限用于进行网络定位-->
<uses-permission android:name="android.permission.ACCESS_COARSE_LOCATION" />
<!--这个权限用于访问 GPS 定位-->
<uses-permission android:name="android.permission.ACCESS_FINE_LOCATION" />

图 3-1　勾选定位功能

（2）在 Application 标签中声明定位的 service 组件。

＜service android:name="com.baidu.location.f"
　　android:enabled="true"
　　　android:process=":remote"/＞

3. 开启地图的定位图层

mBaiduMap.setMyLocationEnabled(true);

4. 构造地图数据

我们通过继承抽象类 BDAbstractListener 并重写其 onReceieveLocation 方法来获取定位数据，并将其传给 MapView。

```
public class MyLocationListener extends BDAbstractLocationListener {
    @Override
    public void onReceiveLocation(BDLocation location) {
        //mapView 销毁后不再处理新接收的位置
        if (location==null || mMapView==null){
            return;
        }
        MyLocationData locData=new MyLocationData.Builder()
            .accuracy(location.getRadius())
            //此处设置开发者获取到的方向信息,顺时针 0°～360°
            .direction(location.getDirection()).latitude(location.getLatitude())
```

```
                    .longitude(location.getLongitude()).build();
                mBaiduMap.setMyLocationData(locData);
    }
}
```

5. 通过 LocationClient 发起定位

```
//定位初始化
mLocationClient=new LocationClient(this);

//通过 LocationClientOption 设置 LocationClient 相关参数
LocationClientOption option=new LocationClientOption();
option.setOpenGps(true); //打开 GPS
option.setCoorType("bd09ll"); //设置坐标类型
option.setScanSpan(1000);

//设置 locationClientOption
mLocationClient.setLocOption(option);

//注册 LocationListener 监听器
MyLocationListener myLocationListener=new MyLocationListener();
mLocationClient.registerLocationListener(myLocationListener);
//开启地图定位图层
mLocationClient.start();
```

6. 正确管理各部分的生命周期

```
@Override
protected void onResume() {
    mMapView.onResume();
    super.onResume();
}

@Override
protected void onPause() {
    mMapView.onPause();
    super.onPause();
}

@Override
protected void onDestroy() {
```

mLocationClient.stop();
mBaiduMap.setMyLocationEnabled(false);
mMapView.onDestroy();
mMapView=null;
super.onDestroy();
}

完成以上工作,即可在地图应用中显示当前位置的蓝点,显示结果如图 3-2 所示。

图 3-2 定位结果图

实验四　多源地图加载

一、实验目的

（1）了解安卓端百度地图 SDK 开发的一般基本流程。
（2）掌握百度地图切换显示不同地图类型和如何打开实时路况图和添加城市热力图的实现过程。

二、实验学时安排

2 个学时

三、实验准备

实验平台：Android Studio
开发语言：Java
实验数据：百度地图

四、实验内容

地图 SDK 提供了 3 种预置的地图类型，包括普通地图、卫星图和空白地图，另外提供了 2 种常用图层实时路况图以及百度城市热力图。目前百度地图 SDK 所提供的地图缩放等级为 4~21 级（室内图可以缩放至 22 级），所包含的信息有建筑物、道路、河流、学校、公园等内容。百度地图 SDK 提供了 3 种类型的地图资源（普通矢量地图、卫星地图和空白地图），BaiduMap 类提供图层类型常量，详细见表 4-1。

表 4-1　图层类型

类型名称	说明
MAP_TYPE_NORMAL	普通矢量地图（包含 3D 地图）
MAP_TYPE_SATELLITE	卫星地图
MAP_TYPE_NONE	空白地图

下面主要介绍如何切换这 3 种地图类型，以及如何打开实时路况图和添加城市热力图。

1. 普通地图

普通地图为基础的道路地图,显示道路、建筑物、绿地以及河流等重要的自然特征。设置普通地图的代码如下。

mMapView=(MapView) findViewById(R. id. bmapView);
mBaiduMap=mMapView. getMap();
//普通地图 ,mBaiduMap 是地图控制器对象
mBaiduMap. setMapType(BaiduMap. MAP_TYPE_NORMAL);

显示结果如图 4-1 所示。

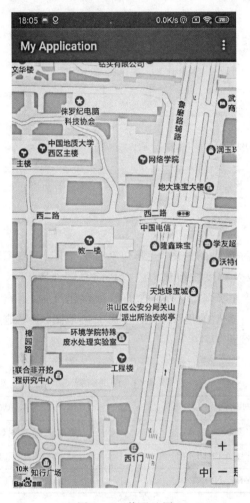

图 4-1 普通地图

2. 卫星地图

显示卫星照片数据,设置卫星地图的代码如下。

mMapView=(MapView) findViewById(R. id. bmapView);
mBaiduMap=mMapView. getMap();
//卫星地图
mBaiduMap. setMapType(BaiduMap. MAP_TYPE_SATELLITE);

显示结果如图 4-2 所示。

图 4-2 卫星地图

3. 空白地图

无地图瓦片，地图将渲染为空白地图。不加载任何图块，将不会使用流量下载基础地图瓦片图层。支持叠加任何覆盖物。

适用场景：与瓦片图层（tileOverlay）一起使用，节省流量，提升自定义瓦片图下载速度。参考自定义瓦片图相应部分的使用介绍。

设置空白地图的代码如下：

mMapView=(MapView) findViewById(R. id. bmapView);
mBaiduMap=mMapView. getMap();
//空白地图
mBaiduMap. setMapType(BaiduMap. MAP_TYPE_NONE);

显示结果如图4-3所示。

图4-3 空白地图

4. 实时路况图

全实时路况图全国范围内已支持绝大部分城市实时路况查询，路况图依据实时路况数据渲染。普通地图和卫星地图，均支持叠加实时路况图。

实时路况图的开启方法如下。

mMapView=(MapView) findViewById(R. id. bmapView);
mBaiduMap=mMapView. getMap();
//开启交通图
mBaiduMap. setTrafficEnabled(true);

普通矢量地图叠加实时路况图显示结果如图4-4所示。

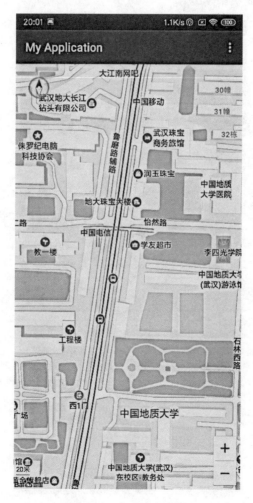

图4-4 实时路况地图

5. 百度城市热力图

百度城市热力图是百度基于强大的地理位置大数据,根据实时的人群分布密度和变化趋势,用热力图的形式展现给广大开发者。百度城市热力图的使用方式和实时路况图类似,只需要简单的接口调用,即可在地图上展现样式丰富的热力图层。

注意:只有在地图层级介于11～20级时,可显示城市热力图。百度城市热力图开启方法如下。

mMapView=(MapView) findViewById(R. id. bmapView);
mBaiduMap=mMapView.getMap();
//开启热力图
mBaiduMap.setBaiduHeatMapEnabled(true);

普通地图叠加热力图显示结果如图4-5所示。

图4-5 热力图

实验五　地图控件加载

一、实验目的

(1)了解安卓端百度地图 SDK 开发的一般基本流程。
(2)掌握百度地图控件的使用。

二、实验学时安排

2 个学时

三、实验准备

实验平台:Android Studio
开发语言:Java
实验数据:百度地图

四、实验内容

地图 SDK 提供了不同的地图控件操作,本次实验内容就是掌握地图控件。

1. Logo 标记

默认在左下角显示,不可以移除。通过以下方法,使用枚举类型控制显示的位置,共支持 6 个显示位置(左下、中下、右下、左上、中上、右上)。显示结果如图 5-1 所示。

mMapView. setLogoPosition(LogoPosition. logoPostionleftTop);

地图 Logo 不允许遮挡,通过以下方法可以设置地图边界区域,来避免 UI 遮挡。

mBaiduMap. setPadding(paddingLeft, paddingTop, paddingRight, paddingBottom);

其中,参数 paddingLeft、paddingTop、paddingRight、paddingBottom 分别表示距离屏幕边框的左、上、右、下边距的距离,单位为屏幕坐标的像素密度。

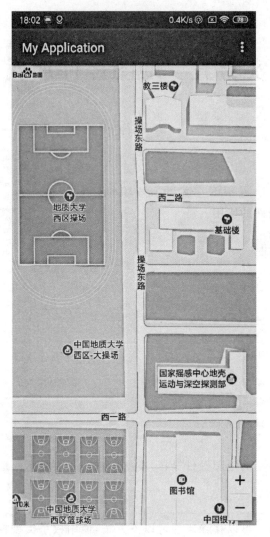

图 5-1 地图 Logo

2. 指南针

指南针默认为开启状态,可以关闭显示。设置方法如下。

//实例化 UiSettings 类对象
mUiSettings=mBaiduMap.getUiSettings();
//通过设置 enable 为 true 或 false 选择是否显示指南针
mUiSettings.setCompassEnabled(enabled);

显示结果如图 5-2 所示。

实验五 地图控件加载

图 5-2 指南针

3. 比例尺

比例尺默认为关闭状态,可以开启显示。设置方法如下。

//通过设置 enable 为 true 或 false 选择是否显示比例尺
mMapView.showScaleControl(true);

同时支持设置 maxZoomLevel 和 minZoomLevel,方法如下。

mBaiduMap.setMaxAndMinZoomLevel(float max, float min);

另外,可通过 mMapView.getMapLevel 获取当前地图级别下比例尺所表示的距离大小。显示结果如图 5-3 所示。

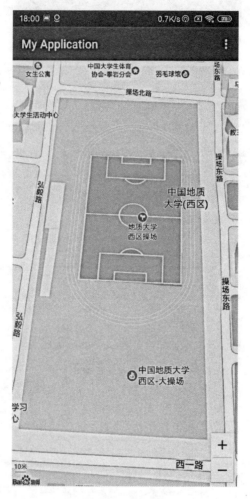

图 5-3　比例尺

4. 缩放按钮

默认是显示,通过如下方式控制缩放按钮是否显示。

//通过设置 enable 为 true 或 false 选择是否显示缩放按钮
mMapView.showZoomControls(false);

显示结果如图 5-4 所示。

实验五　地图控件加载

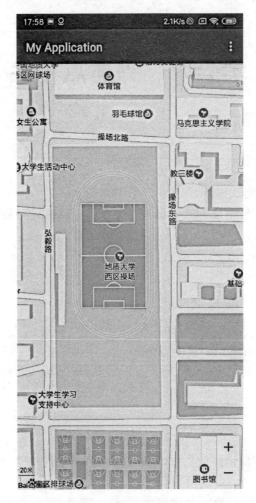

图 5-4　缩放按钮

实验六 兴趣点标注

一、实验目的

（1）了解安卓端百度地图 SDK 开发的一般基本流程。
（2）掌握百度地图 SDK 中绘制点标记和自定义标记的实现过程。

二、实验学时安排

2 个学时

三、实验准备

实验平台：Android Studio
开发语言：Java
实验数据：百度地图

四、实验内容

点标记用来在地图上标记任何位置，例如用户位置、车辆位置、店铺位置等一切带有位置属性的事物。

地图 SDK 提供的点标记功能包含两大部分，一部分是点（俗称 Marker）；另一部分为自定义标记，同时 SDK 对 Marker 封装了大量的触发事件，例如点击事件、长按事件、拖放事件。

1. 添加 Marker

（1）在菜单中新增按钮"绘制点"，代码如下。

```
<item
    android:id="@+id/drawLine"
    android:orderInCategory="100"
    android:title="绘制线"/>
```

（2）在菜单的 click 事件中添加绘制的代码，开发者可以根据自己实际的业务需求，利用标注覆盖物，在地图指定的位置上添加标注信息。开发者通过 MarkerOptions 类来设置 Marker 的属性。

```
if(id==R.id.drawPoint){
    //定义 Maker 坐标点,
    LatLng point=new LatLng(30.527123,114.405671);
    //构建 Marker 图标
    BitmapDescriptor bitmap=BitmapDescriptorFactory
            .fromResource(R.drawable.ic_point);
    //构建 MarkerOption,用于在地图上添加 Marker
    OverlayOptions option=new MarkerOptions()
            .position(point)
            .icon(bitmap);
    //在地图上添加 Marker,并显示
    mBaiduMap.addOverlay(option);
    return true;
}
```

显示结果如图 6-1 所示。

图 6-1 标注点

2. 添加自定义 Marker

可根据实际的业务需求,在地图指定的位置上添加自定义的 Marker(表 6-1)。MarkerOptions 是设置 Marker 参数变量的类,添加 Marker 时会经常用到。

表 6-1 Marker 常用属性

名称	说明	
icon	设置图标	
animateType	动画类型	MarkerAnimateType. none
		MarkerAnimateType. drop
		MarkerAnimateType. grow
		MarkerAnimateType. jump
alpha	透明度	
position	位置坐标	
perspective	是否开启近大远小效果	true
		false
draggable	是否可拖拽	
flat	是否平贴地图(俯视图)(双手下拉地图查看效果)	true
		false
anchor	锚点比例	
rotate	旋转角度	
title	设置标题	
visible	是否可见	
extraInfo	额外信息	

绘制自定义代码如下。

```
if (id==R. id. drawCustomPoint) {
    //定义 Maker 坐标点
    LatLng point= new LatLng(30.526149, 114.40724);
    //构建 Marker 图标
    BitmapDescriptor bitmap= BitmapDescriptorFactory
            . fromResource(R. drawable. circle);
    //构建 MarkerOption,用于在地图上添加 Marker
```

```
OverlayOptions option=new MarkerOptions()
        .position(point) //必传参数
        .icon(bitmap) //必传参数
        .draggable(true)
        //设置平贴地图,在地图中双指下拉查看效果
        .flat(true)
        .alpha(0.5f);
//在地图上添加 Marker,并显示
mBaiduMap.addOverlay(option);
return true;
}
```

绘制自定义标记的显示结果如图 6-2 所示。

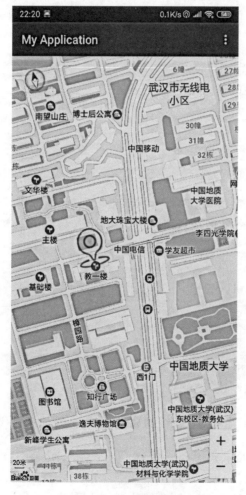

图 6-2 自定义点标记

实验七　绘制线

一、实验目的
(1) 了解安卓端百度地图 SDK 开发的一般基本流程。
(1) 掌握百度地图 SDK 中绘制线和自定义绘制线的实现过程。

二、实验学时安排
2 个学时

三、实验准备
实验平台：Android Studio
开发语言：Java
实验数据：百度地图

四、实验内容
本次实验将对绘制折线、绘制虚线、分段颜色绘制折线、分段纹理绘制折线进行说明。通过这些功能可以绘制各种各样的规划路线或物体轨迹。

1. 绘制折线

添加绘制线的菜单按钮，代码如下。

```
<item
    android:id="@+id/drawLine"
    android:orderInCategory="100"
    android:title="绘制线"/>
```

通过 PolylineOptions 类来设置折线的属性，绘制折线的示例代码如下。

```
if (id==R.id.drawLine) {
    //构建折线点坐标，
    LatLng p1=new LatLng(30.527123，114.405671);
    LatLng p2=new LatLng(30.526779，114.405241);
```

```
LatLng p3=new LatLng(30.526149,114.40724);
List<LatLng> points=new ArrayList<LatLng>();
points.add(p1);
points.add(p2);
points.add(p3);

//设置折线的属性
OverlayOptions mOverlayOptions=new PolylineOptions()
        .width(10)
        .color(0xAAFF0000)
        .points(points);
//在地图上绘制折线
//mPloyline 折线对象
Overlay mPolyline=mBaiduMap.addOverlay(mOverlayOptions);
return true;
}
```

显示结果如图 7-1 所示。

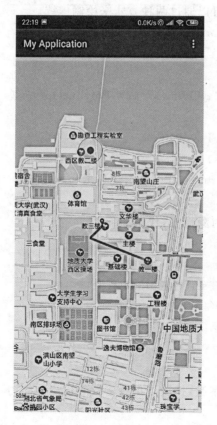

图 7-1 绘制线

注:PolylineOptions 包含多种可供设置的属性。常用属性见表 7-1。

表 7-1 PolylineOptions 属性

名称	说明
color	折线颜色
width	折线宽度
points	折线坐标点列表
colorsValues	分段折线颜色值列表
customTexture	折线自定义纹理
customTextureList	分段折线纹理列表
textureIndex	分段纹理绘制纹理索引
visible	折线是否可见
extraInfo	折线额外信息

2. 绘制虚线

先绘制普通折线,然后可以通过两种方式来绘制虚线。

方式一:通过 PolylineOptions 设置,代码如下。

```
//设置折线的属性
OverlayOptions mOverlayOptions = new PolylineOptions()
        .width(10)
        .color(0xAAFF0000)
        .points(points)
        .dottedLine(true);  //设置折线显示为虚线
```

方式二:通过 Polyline 对象设置,代码如下。

```
//设置折线显示为虚线
((Polyline) mPolyline).setDottedLine(true);
```

显示结果如图 7-2 所示。

3. 分段颜色绘制折线

自百度地图 v3.6.0 版本起,扩展了折线多段颜色绘制能力:支持分段颜色绘制。示例代码如下。

实验七 绘制线

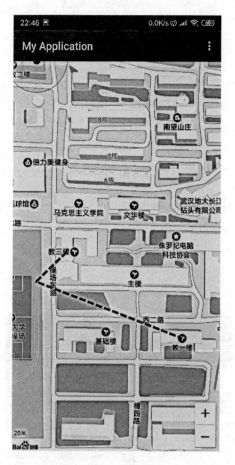

图 7-2 绘制虚线

if (id==R. id. *drawColorLine*) {
　　　mBaiduMap. clear();
　　　//构建折线点坐标
　　　List<LatLng> points=new ArrayList<LatLng>();
　　　points. add(new LatLng(30. 527123，114. 405671));
　　　points. add(new LatLng(30. 526779，114. 405241));
　　　points. add(new LatLng(30. 526149，114. 40724));
　　　points. add(new LatLng(30. 52632，114. 407898));
　　　points. add(new LatLng(30. 525762，114. 408533));

　　　List<Integer> colors=new ArrayList<>();
　　　colors. add(Integer. *valueOf*(Color. *BLUE*));
　　　colors. add(Integer. *valueOf*(Color. *RED*));
　　　colors. add(Integer. *valueOf*(Color. *YELLOW*));
　　　colors. add(Integer. *valueOf*(Color. *GREEN*));

```
//设置折线的属性
        OverlayOptions mOverlayOptions=new PolylineOptions()
            .width(10)
            .color(0xAAFF0000)
            .points(points)
            .colorsValues(colors);//设置每段折线的颜色

//在地图上绘制折线
//mPloyline 折线对象
        Overlay mPolyline=mBaiduMap.addOverlay(mOverlayOptions);
        return true;
    }
```

显示结果如图 7-3 所示。

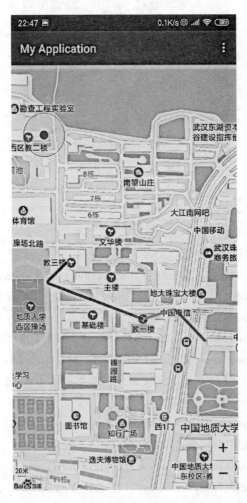

图 7-3 分段颜色绘制折线

4. Polyline 的点击事件

点击 Polyline 会回调 BaiduMap. OnPolylineClickListener 接口的 onPolylineClick 方法。示例代码如下。

BaiduMap. OnPolylineClickListener listener=new BaiduMap. OnPolylineClickListener(){
  //处理 Polyline 点击逻辑
  @Override
  public boolean onPolylineClick(Polyline polyline) {
    Toast. makeText(PolylineDemo. this，"Click on polyline"，Toast. LENGTH_LONG). show();
    return true;
  }
};

//设置 Polyline 点击监听器
mBaiduMap. setOnPolylineClickListener(listener);

显示结果如图 7-4 所示。

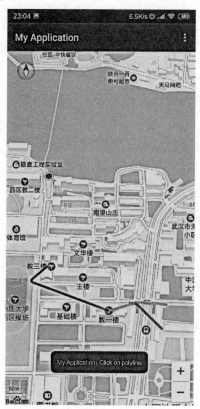

图 7-4　绘制线的点击事件

实验八　绘制弧线、圆和面

一、实验目的

(1) 了解安卓端百度地图 SDK 开发的一般基本流程。
(2) 掌握百度地图 SDK 中绘制弧线、圆和面的实现过程。

二、实验学时安排

2 个学时

三、实验准备

实验平台：Android Studio
开发语言：Java
实验数据：百度地图

四、实验内容

本次实验将对绘制弧线、绘制圆以及多边形进行说明。

1. 绘制弧线

添加绘制弧线的菜单按钮，代码如下。

```
<item
    android:id="@+id/drawHuLine"
    android:orderInCategory="100"
    android:title="绘制弧线"
    app:showAsAction="never" />
```

弧线由 Arc 类定义，一条弧线由起点、中间点和终点 3 个点确定位置。开发者可以通过 ArcOptions 类设置弧线的位置、宽度和颜色。示例代码如下。

```
//绘制弧线
public static void drawHuLine(BaiduMap mBaiduMap){
    mBaiduMap.clear();
```

```
// 添加弧线坐标数据
LatLng p1=new LatLng(30.527123,114.405671);//起点
LatLng p2=new LatLng(30.526779,114.405241);//中间点
LatLng p3=new LatLng(30.526149,114.40724);//终点
//构造 ArcOptions 对象
OverlayOptions mArcOptions=new ArcOptions()
        .color(Color.RED)
        .width(10)
        .points(p1,p2,p3);
//在地图上显示弧线
Overlay mArc=mBaiduMap.addOverlay(mArcOptions);
}
```

显示结果如图 8-1 所示。

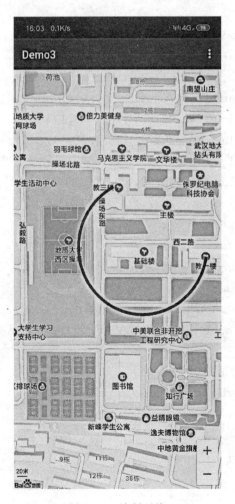

图 8-1 绘制弧线

2. 绘制面

添加绘制面的菜单按钮,代码如下。

```xml
<item
    android:id="@+id/drawPolygon"
    android:orderInCategory="100"
    android:title="绘制面"
    app:showAsAction="never" />
```

多边形由 Polygon 类定义。开发者可以通过 PolygonOptions 来设置多边形的位置、边框和填充颜色。一个多边形是一组 Latlng 点按照传入顺序连接而成的封闭图形。示例代码如下。

```java
//绘制面
public static void drawPolygon(BaiduMap mBaiduMap){
    mBaiduMap.clear();
    //多边形顶点位置
    List<LatLng> points=new ArrayList<>();
    points.add(new LatLng(30.527123,114.405671));
    points.add(new LatLng(30.526779,114.405241));
    points.add(new LatLng(30.526149,114.40724));
    points.add(new LatLng(30.525762,114.408533));
    points.add(new LatLng(30.52632,114.407898));

    //构造 PolygonOptions
    PolygonOptions mPolygonOptions=new PolygonOptions()
            .points(points)
            .fillColor(0xAAFFFF00) //填充颜色
            .stroke(new Stroke(5,0xAA00FF00)); //边框宽度和颜色

    //在地图上显示多边形
    mBaiduMap.addOverlay(mPolygonOptions);
}
```

显示结果如图 8-2 所示。

实验八 绘制弧线、圆和面

图 8-2 绘制多边形

3. 绘制圆

添加绘制圆的菜单按钮，代码如下。

```
<item
    android:id="@+id/drawCircle"
    android:orderInCategory="100"
    android:title="绘制圆"
    app:showAsAction="never" />
```

圆由 Circle 类定义，开发者可以通过 CircleOptions 类设置圆心位置、半径（米）、边框以及填充颜色。示例代码如下。

```
//绘制圆
public static void drawCircle(BaiduMap mBaiduMap){
    mBaiduMap.clear();
```

```
//圆心位置
LatLng center=new LatLng(30.526779,114.405241);

//构造CircleOptions对象
CircleOptions mCircleOptions=new CircleOptions().center(center)
        .radius(1400)
        .fillColor(0xAA0000FF)//填充颜色
        .stroke(new Stroke(5,0xAA00ff00));//边框宽和边框颜色

//在地图上显示圆
Overlay mCircle=mBaiduMap.addOverlay(mCircleOptions);
}
```

显示结果如图 8-3 所示。

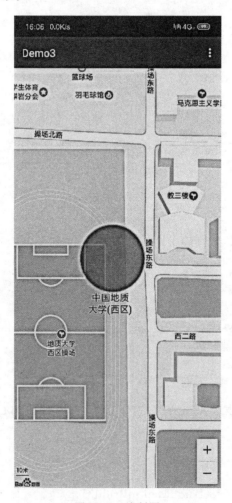

图 8-3 绘制圆

实验九 添加文字和信息框

一、实验目的

(1) 了解安卓端百度地图 SDK 开发的一般基本流程。
(2) 掌握百度地图 SDK 中添加文字和信息框的实现过程。

二、实验学时安排

2 个学时

三、实验准备

实验平台：Android Studio
开发语言：Java
实验数据：百度地图

四、实验内容

本次实验将对添加文字和信息框进行说明。

1. 文字覆盖物

添加文字覆盖物的菜单按钮，代码如下。

```
<item
    android:id="@+id/addFont"
    android:orderInCategory="100"
    android:title="文字覆盖物"
    app:showAsAction="never" />
```

文字(Text)在地图上也是一种覆盖物，由 Text 类定义。文字覆盖物的绘制通过 TextOptions 类来设置。示例代码如下。

```
public static void addFont(BaiduMap mBaiduMap){
    mBaiduMap.clear();
    //文字覆盖物位置坐标
```

LatLng llText=new LatLng(30.526779,114.405241);
//构建 TextOptions 对象
OverlayOptions mTextOptions=new TextOptions()
    .text("百度地图 SDK") //文字内容
    .bgColor(0xAAFFFF00) //背景色
    .fontSize(24) //字号
    .fontColor(0xFFFF00FF) //文字颜色
    .rotate(-30) //旋转角度
    .position(llText);

//在地图上显示文字覆盖物
Overlay mText=mBaiduMap.addOverlay(mTextOptions);
}

显示结果如图 9-1 所示。

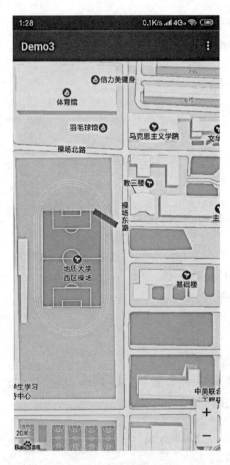

图 9-1 文字覆盖物

2. 使用 View 构造 InfoWindow

添加信息框的菜单按钮,代码如下。

```xml
<item
    android:id="@+id/addInfoWindow"
    android:orderInCategory="100"
    android:title="添加信息框"
    app:showAsAction="never" />
```

示例代码如下。

```java
//添加信息框
public void addInfoWindow(BaiduMap mBaiduMap) {
    mBaiduMap.clear();
    //文字覆盖物位置坐标
    LatLng point = new LatLng(30.526779, 114.405241);
    //用来构造 InfoWindow 的 Button
    Button button = new Button(getApplicationContext());
    button.setBackgroundResource(R.drawable.popup);
    button.setText("InfoWindow");
    //构造 InfoWindow
    //point 描述的位置点
    //-100 InfoWindow 相对于 point 在 y 轴的偏移量
    InfoWindow mInfoWindow = new InfoWindow(button, point, -100);
    //使 InfoWindow 生效
    mBaiduMap.showInfoWindow(mInfoWindow);
}
```

显示结果如图 9-2 所示。

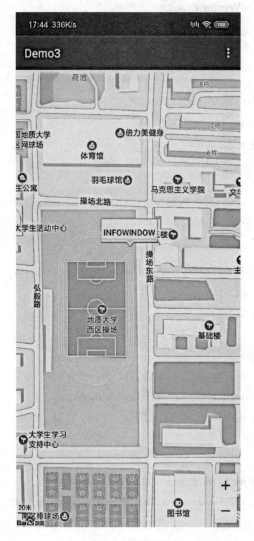

图 9-2 信息框

实验十　添加点动画

一、实验目的

(1)了解安卓端百度地图 SDK 开发的一般基本流程。
(2)掌握百度地图 SDK 中添加点动画的实现过程。

二、实验学时安排

2 个学时

三、实验准备

实验平台:Android Studio
开发语言:Java
实验数据:百度地图

四、实验内容

本次实验将对添加点动画进行说明,包括闪烁点动画、平移点动画和跳跃点动画。

1. 添加点动画

添加绘制弧线的菜单按钮,代码如下。

```
<item
    android:id="@+id/ddh"
    android:orderInCategory="100"
    android:title="点动画"
    app:showAsAction="never" />
```

文字(Text)在地图上也是一种覆盖物,由 Text 类定义。文字覆盖物的绘制通过 TextOptions 类来设置。示例代码如下。

```
//添加文字覆盖物
public static void addFont(BaiduMap mBaiduMap){
    mBaiduMap.clear();
```

```
//文字覆盖物位置坐标
LatLng llText=new LatLng(30.526779,114.405241);
//构建 TextOptions 对象
OverlayOptions mTextOptions=new TextOptions()
        .text("百度地图SDK") //文字内容
        .bgColor(0xAAFFFF00) //背景色
        .fontSize(24) //字号
        .fontColor(0xFFFF00FF) //文字颜色
        .rotate(-30) //旋转角度
        .position(llText);
//在地图上显示文字覆盖物
Overlay mText=mBaiduMap.addOverlay(mTextOptions);
}
```

显示结果如图 10-1 所示。

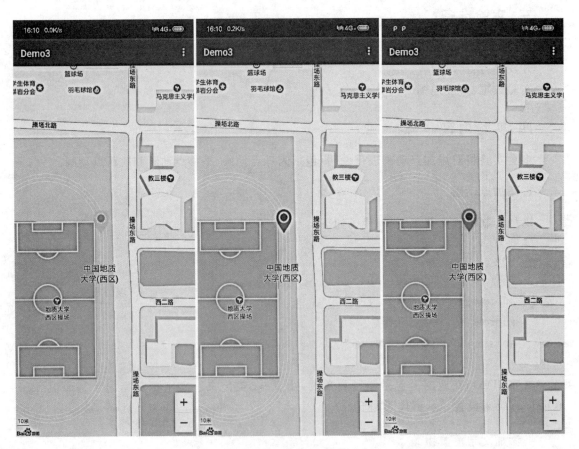

图 10-1 点动画

2. 平移动画

除了可以自定义的帧动画，Marker 还支持设置旋转、缩放、平移、透明和组合动画效果。通过 Marker 类 setAnimation 方法设置。

Transformation	平移
RotateAnimation	旋转
ScaleAnimation	缩放
SingleScaleAnimation	x 或 y 轴方向单独缩放
AlphaAnimation	透明
AnimationSet	动画集合

添加下落平移动画的菜单按钮，代码如下。

```
<item
    android:id="@+id/panAnimation"
    android:orderInCategory="100"
    android:title="平移动画"
    app:showAsAction="never" />
```

平移动画效果的示例代码如下。

```
//平移下落动画
public static void panAnimate(BaiduMap mBaiduMap) {
    mBaiduMap.clear();
    LatLng llC=new LatLng(30.52632,114.407898);
    BitmapDescriptor bitmap=BitmapDescriptorFactory
            .fromResource(R.drawable.icon_marka);
    //构建 MarkerOption,用于在地图上添加 Marker
    MarkerOptions ooA=new MarkerOptions()
            .position(llC)
            .icon(bitmap);
    //设置掉下动画
    ooA.animateType(MarkerOptions.MarkerAnimateType.drop);
    /* 在地图上添加 Marker,并显示 */
    mBaiduMap.addOverlay(ooA);
}
```

显示结果如图10-2所示。

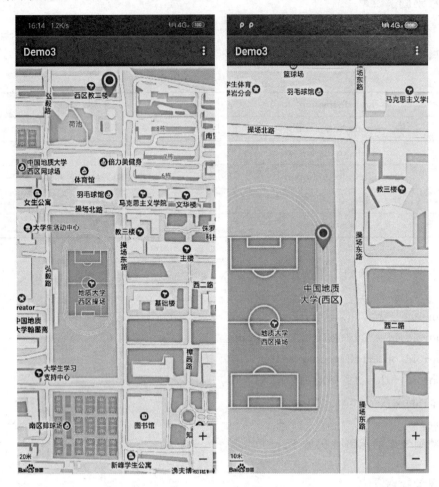

图10-2 平移动画

3. 跳跃动画

添加跳跃动画的菜单按钮,代码如下。

```
<item
    android:id="@+id/panJump"
    android:orderInCategory="100"
    android:title="跳跃点"
    app:showAsAction="never" />
```

跳跃点动画效果的示例代码如下。

```
//跳跃动画
public static void panJump(BaiduMap mBaiduMap) {
```

```
mBaiduMap.clear();
LatLng llC=new LatLng(30.526779,114.405241);
BitmapDescriptor bitmap=BitmapDescriptorFactory
        .fromResource(R.drawable.icon_marka);
//构建 MarkerOption,用于在地图上添加 Marker
MarkerOptions ooA=new MarkerOptions()
        .position(llC)
        .icon(bitmap);
//设置掉下动画
ooA.animateType(MarkerOptions.MarkerAnimateType.jump);
/* 在地图上添加 Marker,并显示 */
mBaiduMap.addOverlay(ooA);
}
```

显示结果如图 10-3 所示。

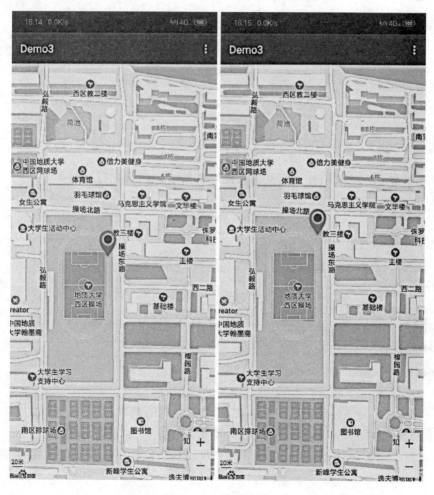

图 10-3 跳跃动画

实验十一　绘制 Overlay

一、实验目的

（1）了解安卓端百度地图 SDK 开发的一般基本流程。
（2）掌握百度地图 SDK 中绘制 Overlay 和自定义热力图的实现过程。

二、实验学时安排

2 个学时

三、实验准备

实验平台：Android Studio
开发语言：Java
实验数据：百度地图

四、实验内容

本次实验将绘制 Overlay 和自定义热力图功能的实现过程进行说明。

1. 添加图片覆盖物

添加的菜单按钮，代码如下。

```
<item
    android:id="@+id/addFont"
    android:orderInCategory="100"
    android:title="文字覆盖物"
    app:showAsAction="never" />
```

Ground 覆盖物，是一种位于底图和底图标注层之间的特殊 Overlay，该图层不会遮挡地图标注信息。通过 GroundOverlayOptions 类来设置，开发者可以通过 GroundOverlayOptions 类设置一张图片，该图片可随地图的平移、缩放、旋转等操作做相应的变换。示例代码如下。

```java
//图片覆盖物
public static void groundOverlay(BaiduMap mBaiduMap) {
    mBaiduMap.clear();
    //定义 Ground 的显示地理范围
    LatLng southwest = new LatLng(30.527123, 114.405671);
    LatLng northeast = new LatLng(30.526779, 114.405241);
    LatLngBounds bounds = new LatLngBounds.Builder()
            .include(northeast)
            .include(southwest)
            .build();
    //定义 Ground 显示的图片
    BitmapDescriptor bdGround = BitmapDescriptorFactory.fromResource(R.drawable.ground_overlay);
    //定义 GroundOverlayOptions 对象
    OverlayOptions ooGround = new GroundOverlayOptions()
            .positionFromBounds(bounds)
            .image(bdGround)
            .transparency(0.8f);//覆盖物透明度
    //在地图中添加 Ground 覆盖物
    mBaiduMap.addOverlay(ooGround);
}
```

显示结果如图 11-1 所示。

图 11-1　图片覆盖物

2. 自定义热力图

添加的菜单按钮,代码如下。

```
<item
    android:id="@+id/customHeatMap"
    android:orderInCategory="100"
    android:title="自定义热力图"
    app:showAsAction="never" />
```

热力图是用不同颜色的区块叠加在地图上描述人群分布、密度和变化趋势的一个产品。百度地图 SDK 将绘制热力图的能力为开发者开放,帮助开发者利用自有数据,构建属于自己的热力图,提供丰富的展示效果。

注意:此处的"热力图功能"不同于"百度城市热力图"。百度城市热力图通过简单的接口调用,开发者可展示百度数据的热力图层。而此处的热力图功能,需要开发者传入自己的位置数据(坐标),然后 SDK 会根据热力图绘制规则,为开发者做本地的热力图渲染绘制。利用热力图功能构建自有数据热力图的方式如下。

```
//自定义热力图
    public static void customHeatMap(BaiduMap mBaiduMap) {
        mBaiduMap.clear();
        //设置渐变颜色值
        int[] DEFAULT_GRADIENT_COLORS = {Color.rgb(102, 225, 0), Color.rgb(255, 0, 0)};
        //设置渐变颜色起始值
        float[] DEFAULT_GRADIENT_START_POINTS = {0.2f, 1f};
        //构造颜色渐变对象
        Gradient gradient = new Gradient(DEFAULT_GRADIENT_COLORS, DEFAULT_GRADIENT_START_POINTS);
        //以下数据为随机生成地理位置点,开发者根据自己的实际业务,传入自有位置数据即可
        List<LatLng> randomList = new ArrayList<LatLng>();
        Random r = new Random();
        for (int i = 0; i < 500; i++) {
            // 116.220000,39.780000 116.570000,40.150000
            int rlat = r.nextInt(370000);
            int rlng = r.nextInt(370000);
            int lat = 30527123 + rlat;
            int lng = 114405671 + rlng;
            LatLng ll = new LatLng(lat / 1E6, lng / 1E6);
```

```
        randomList.add(ll);
    }

    //构造 HeatMap
//在大量热力图数据情况下,build 过程相对较慢,建议放在新建线程实现
    HeatMap mCustomHeatMap＝new HeatMap.Builder()
            .data(randomList)
            .gradient(gradient)
            .build();

//在地图上添加自定义热力图
    mBaiduMap.addHeatMap(mCustomHeatMap);
}
```

自定义热力图的显示结果如图 11-2 所示。

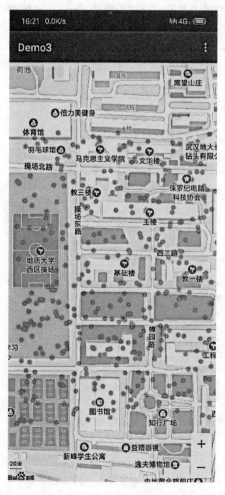

图 11-2　热力图

移除热力图代码如下。

heatMap.removeHeatMap();

通过带权值的位置点数据构造 HeatMap，大量自有坐标数据在地图打点，根据打点的密集程度，呈现热力图。如果开发者拥有的数据是一些坐标上的一个数值（如密度值、趋势值），通过 Builder 的 weightedData 方法传入数据来构造。

```
//通过带权值的位置点数据构造 HeatMap
HeatMap mCustomHeatMap=new HeatMap.Builder()
        .weightedData(randomList1)
        .gradient(gradient)
        .build();
```

可以理解为在某一坐标打点"密度值次""趋势值次"，地图即可呈现热力图。但密度值、趋势值可能为小数，需要对数据做一下处理，比如整体密度值、趋势值扩大 1000 倍取整。读取坐标数据时，某个坐标读取"1000 倍密度值次"，那么坐标点的密度，就会通过热力呈现出来了。

实验十二　Overlay 批量添加和删除

一、实验目的

(1)了解安卓端百度地图 SDK 开发的一般基本流程。
(2)掌握百度地图 SDK 中 Overlay 批量添加和删除的实现过程。

二、实验学时安排

2 个学时

三、实验准备

实验平台:Android Studio
开发语言:Java
实验数据:百度地图

四、实验内容

本次实验将 Overlay 批量添加和删除的实现过程进行说明。

1. 批量添加 Overlay

添加的菜单按钮,代码如下。

```
<item
    android:id="@+id/batchAdd"
    android:orderInCategory="100"
    android:title="批量添加 Overlay"
    app:showAsAction="never" />
```

百度地图 SDK 为开发者提供一次性向地图上添加大批量 Overlay 的接口。示例代码(示例代码中一次性添加 3 个 Marker,更大量 Overlay 的添加方法同理)如下。

```
//批量添加 Overlay
public static void batchAdd(BaiduMap mBaiduMap) {
```

```java
mBaiduMap.clear();
//创建OverlayOptions的集合
List<OverlayOptions> options = new ArrayList<OverlayOptions>();
//构造大量坐标数据
LatLng point1 = new LatLng(30.527123, 114.405671);
LatLng point2 = new LatLng(30.526779, 114.405241);
LatLng point3 = new LatLng(30.526149, 114.40724);
BitmapDescriptor bitmap = BitmapDescriptorFactory
        .fromResource(R.drawable.icon_marka);
//创建OverlayOptions属性
OverlayOptions option1 = new MarkerOptions()
        .position(point1)
        .icon(bitmap);
OverlayOptions option2 = new MarkerOptions()
        .position(point2)
        .icon(bitmap);
OverlayOptions option3 = new MarkerOptions()
        .position(point3)
        .icon(bitmap);
//将OverlayOptions添加到list
options.add(option1);
options.add(option2);
options.add(option3);
//在地图上批量添加
mBaiduMap.addOverlays(options);
}
```

显示结果如图12-1所示。

2. 批量删除Overlay

添加的菜单按钮,代码如下。

```xml
<item
    android:id="@+id/batchDelete"
    android:orderInCategory="100"
    android:title="批量删除Overlay"
    app:showAsAction="never" />
```

图 12 - 1 批量添加 Overlay

百度地图 SDK 提供一次性清除地图上的所有覆盖物(Overlay 对象和 infoWindow)的接口。示例代码如下。

//批量删除 Overlay
public static void batchDelete(BaiduMap mBaiduMap) {
    //清除地图上的所有覆盖物
    mBaiduMap.clear();
}

显示结果如图 12-2 所示。

图 12-2 批量删除 Overlay

实验十三 POI 检索

一、实验目的

(1) 了解安卓端百度地图 SDK 开发的一般基本流程。
(2) 掌握百度地图 SDK 中 POI 检索的实现过程。

二、实验学时安排

2 个学时

三、实验准备

实验平台：Android Studio
开发语言：Java
实验数据：百度地图

四、实验内容

POI(Point of Interest)，即"兴趣点"。在地理信息系统中，一个 POI 可以是一栋房子、一个景点、一个邮筒或者一个公交站等。

百度地图 SDK 提供 3 种类型的 POI 检索：城市内检索、周边检索和区域检索（即矩形区域检索）。下面分别对 3 种 POI 检索服务的使用方法作说明。

1. 城市内检索

添加的菜单按钮，代码如下。

```
<item
    android:id="@+id/citySearch"
    android:orderInCategory="100"
    android:title="城市内检索 POI"
    app:showAsAction="never" />
```

(1) 创建 POI 检索实例。

```
mPoiSearch=PoiSearch.newInstance();
```

(2)创建 POI 检索监听器。

```java
OnGetPoiSearchResultListener listener=new OnGetPoiSearchResultListener(){
    @Override
    public void onGetPoiResult(PoiResult poiResult){
        if(poiResult.error==SearchResult.ERRORNO.NO_ERROR){
            mBaiduMap.clear();
            //创建 PoiOverlay 对象
            PoiOverlay poiOverlay=new PoiOverlay(mBaiduMap);
            //设置 Poi 检索数据
            poiOverlay.setData(poiResult);
            //将 poiOverlay 添加至地图并缩放至合适级别
            poiOverlay..addToMap();
            poiOverlay.zoomToSpan();
        }
    }
    @Override
    public void onGetPoiDetailResult(PoiDetailSearchResult poiDetailSearchResult){

    }
    @Override
    public void onGetPoiIndoorResult(PoiIndoorResult poiIndoorResult){

    }
    //废弃
    @Override
    public void onGetPoiDetailResult(PoiDetailResult poiDetailResult){

    }
};
```

(3)设置检索监听器。

mPoiSearch.setOnGetPoiSearchResultListener(listener);

(4)设置 PoiCitySearchOption,发起检索请求。

```
/**
 * PoiCiySearchOption 设置检索属性
 * city 检索城市
```

*   keyword 检索内容关键字
*   pageNum 分页页码
*/
mPoiSearch.searchInCity(new PoiCitySearchOption()
    .city("武汉") //必填
    .keyword("超市") //必填
    .pageNum(100));

(5)释放检索实例。

mPoiSearch.destroy();

搜索显示结果如图 13-1 所示。

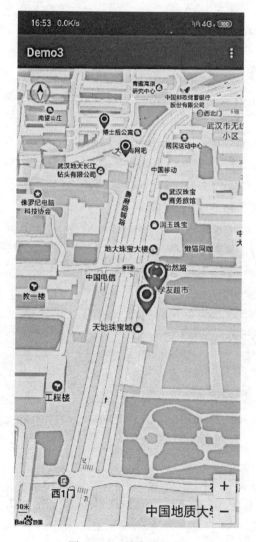

图 13-1 城市内搜索

2. 周边检索

周边检索是在一个圆形范围内的 POI 检索,适用于以某个位置为中心点,自定义搜索半径,搜索某个位置附近的 POI。

添加的菜单按钮,代码如下。

```xml
<item
    android:id="@+id/citySearch"
    android:orderInCategory="100"
    android:title="城市内检索 POI"
    app:showAsAction="never" />
```

(1)创建 POI 检索实例。

```java
mPoiSearch=PoiSearch.newInstance();
```

(2)创建 POI 检索监听器。

```java
OnGetPoiSearchResultListener listener=new OnGetPoiSearchResultListener() {
    @Override
    public void onGetPoiResult(PoiResult poiResult) {
        if (poiResult.error==SearchResult.ERRORNO.NO_ERROR) {
            mBaiduMap.clear();
            //创建 PoiOverlay 对象
            PoiOverlay poiOverlay=new PoiOverlay(mBaiduMap);
            //设置 Poi 检索数据
            poiOverlay.setData(poiResult);
            //将 poiOverlay 添加至地图并缩放至合适级别
            poiOverlay.addToMap();
            poiOverlay.zoomToSpan();
        }
    }
    @Override
    public void onGetPoiDetailResult(PoiDetailSearchResult poiDetailSearchResult) {

    }
    @Override
    public void onGetPoiIndoorResult(PoiIndoorResult poiIndoorResult) {

    }
```

```
//废弃
@Override
public void onGetPoiDetailResult(PoiDetailResult poiDetailResult) {

}
};
```

(3) 设置检索监听器。

```
mPoiSearch.setOnGetPoiSearchResultListener(listener);
```

(4) 设置 PoiCitySearchOption，发起检索请求。

```
/**
 *   PoiCiySearchOption 设置检索属性
 * location 中心位置
 * radius 半径
 *   keyword 检索内容关键字
 *   pageNum 分页页码
 */
mPoiSearch.searchNearby(new PoiNearbySearchOption()
        .location(new LatLng(30.527123, 114.405671))
        .radius(10000)
        .keyword("超市")
        .pageNum(10));
```

(5) 释放检索实例。

```
mPoiSearch.destroy();
```

搜索显示结果如图 13-2 所示。

3. 区域检索

POI 区域检索，即"在由开发者指定的西南角和东北角组成的矩形区域内的 POI 检索"。添加的菜单按钮，代码如下。

```xml
<item
    android:id="@+id/citySearch"
    android:orderInCategory="100"
    android:title="城市内检索 POI"
    app:showAsAction="never" />
```

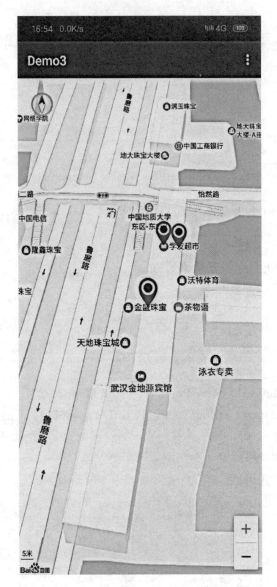

图 13-2 周边搜索

(1)创建 POI 检索实例。

mPoiSearch=PoiSearch.newInstance();

(2)创建 POI 检索监听器。

OnGetPoiSearchResultListener listener=new OnGetPoiSearchResultListener() {
　　@Override
　　　public void onGetPoiResult(PoiResult poiResult) {

```
                if(poiResult.error==SearchResult.ERRORNO.NO_ERROR){
                    mBaiduMap.clear();
                    //创建 PoiOverlay 对象
                    PoiOverlay poiOverlay=new PoiOverlay(mBaiduMap);
                    //设置 Poi 检索数据
                    poiOverlay.setData(poiResult);
                    //将 poiOverlay 添加至地图并缩放至合适级别
                    poiOverlay.addToMap();
                    poiOverlay.zoomToSpan();
                }
            }
            @Override
            public void onGetPoiDetailResult(PoiDetailSearchResult poiDetailSearchResult){

            }
            @Override
            public void onGetPoiIndoorResult(PoiIndoorResult poiIndoorResult){

            }
            //废弃
            @Override
            public void onGetPoiDetailResult(PoiDetailResult poiDetailResult){

            }
        };
```

(3)设置检索监听器。

```
mPoiSearch.setOnGetPoiSearchResultListener(listener);
```

(4)设置 PoiCitySearchOption,发起检索请求。

```
/**
 * 设置矩形检索区域
 */
LatLngBounds searchBounds=new LatLngBounds.Builder()
        .include(new LatLng( 29.927123, 113.405671 ))
        .include(new LatLng( 31.526779, 115.405241))
        .build();
/**
```

* 在 searchBounds 区域内检索美食
*/
mPoiSearch. searchInBound(new PoiBoundSearchOption()
        . bound(searchBounds)
        . keyword("美食"));

(5)释放检索实例。

mPoiSearch. destroy();

搜索显示结果如图 13-3 所示。

图 13-3　矩形搜索

实验十四　地理编码

一、实验目的

(1) 了解安卓端百度地图 SDK 开发的一般基本流程。
(2) 掌握百度地图 SDK 中地理编码的实现过程。

二、实验学时安排

2 个学时

三、实验准备

实验平台：Android Studio
开发语言：Java
实验数据：百度地图

四、实验内容

地理编码是地址信息和地理坐标之间的相互转换，可分为正地理编码（地址信息转换为地理坐标）和逆地理编码（地理坐标转换为地址信息）。下面分别对地理编码的使用方法作说明。

1. 地理编码（地址转坐标）

添加的菜单按钮，代码如下。

```
<item
    android:id="@+id/locationToCoor"
    android:orderInCategory="100"
    android:title="地址转坐标"
    app:showAsAction="never" />
```

(1) 创建地理编码检索实例。

```
mCoder=GeoCoder.newInstance();
```

(2)创建地理编码检索监听器。

```java
OnGetGeoCoderResultListener listener = new OnGetGeoCoderResultListener() {
    @Override
    public void onGetGeoCodeResult(GeoCodeResult geoCodeResult) {
        if (null != geoCodeResult && null != geoCodeResult.getLocation()) {
            if (geoCodeResult == null || geoCodeResult.error != SearchResult.ERRORNO.NO_ERROR) {
                //没有检索到结果
                return;
            } else {
                double latitude = geoCodeResult.getLocation().latitude;
                double longitude = geoCodeResult.getLocation().longitude;
            }
        }
    }
    ......
};
```

(3)设置地理编码检索监听器。

```java
mCoder.setOnGetGeoCodeResultListener(listener);
```

(4)设置 GeoCodeOption,发起 GeoCode 检索。

```java
//city 和 address 是必填项
mCoder.geocode(new GeoCodeOption()
        .city("武汉")
        .address("中国地质大学"));
```

(5)释放检索实例。

```java
mCoder.destroy();
```

搜索显示结果如图 14-1 所示。

图 14-1 地理编码(转坐标)

2. 地理编码(坐标转地址)

添加的菜单按钮,代码如下。

```
<item
    android:id="@+id/coorToLocation"
    android:orderInCategory="100"
    android:title="坐标转地址"
    app:showAsAction="never" />
```

(1)创建地理编码检索实例。

mCoder=GeoCoder.newInstance();

(2)创建地理编码检索监听器。

```
OnGetGeoCoderResultListener listener=new OnGetGeoCoderResultListener() {
    @Override
    public void onGetGeoCodeResult(GeoCodeResult geoCodeResult) {

    }

    @Override
    public void onGetReverseGeoCodeResult(ReverseGeoCodeResult reverseGeoCodeResult) {
            if (reverseGeoCodeResult == null || reverseGeoCodeResult.error != SearchResult.ERRORNO.NO_ERROR) {
                //没有找到检索结果
                return;
            } else {
                //详细地址
                String address=reverseGeoCodeResult.getAddress();
                //行政区号
                int adCode=reverseGeoCodeResult.getCityCode();
                AlertDialog.Builder ab=new AlertDialog.Builder(context);    //(普通消息框)

                ab.setTitle("坐标转地址");    //设置标题
                ab.setMessage(address);//设置消息内容
                ab.show();//显示弹出框
            }
    }
};
```

(3)设置地理编码检索监听器。

mCoder.setOnGetGeoCodeResultListener(listener);

(4)设置 GeoCodeOption,发起 GeoCode 检索。

mCoder.reverseGeoCode(new ReverseGeoCodeOption()
        .location(point)

// POI 召回半径,允许设置区间为 0~1000 米,超过 1000 米按 1000 米召回。默认值为 1000

  .radius(500);

(5)释放检索实例。

mCoder.destroy();

搜索显示结果如图 14-2 所示。

图 14-2 地理编码(转地址)

实验十五 路线规划

一、实验目的

(1)了解安卓端百度地图 SDK 开发的一般基本流程。
(2)掌握百度地图 SDK 中路线规划的实现过程。

二、实验学时安排

2 个学时

三、实验准备

实验平台:Android Studio
开发语言:Java
实验数据:百度地图

四、实验内容

下面分别对步行路线规划和驾车路线规划的使用方法作说明。

1. 步行路线规划

添加的菜单按钮,代码如下。

```
<item
    android:id="@+id/warkingRoutePlan"
    android:orderInCategory="100"
    android:title="步行路线规划"
    app:showAsAction="never" />
```

步行路线规划可以根据步行路线的起终点数据,使用 WalkingRouteOverlay 画出步行路线图层,包括起终点和转弯点。支持开发者自定义起终点和转弯点图标。

(1)创建路线规划检索实例。

```
mSearch=RoutePlanSearch.newInstance();
```

(2) 创建路线规划检索结果监听器。

```
OnGetRoutePlanResultListener listener = new OnGetRoutePlanResultListener() {
    @Override
    public void onGetWalkingRouteResult(WalkingRouteResult walkingRouteResult) {
        //创建 WalkingRouteOverlay 实例
        WalkingRouteOverlay overlay = new WalkingRouteOverlay(mBaiduMap);
        if (walkingRouteResult.getRouteLines().size() > 0) {
            //获取路径规划数据(以返回的第一条数据为例)
            //为 WalkingRouteOverlay 实例设置路径数据
            overlay.setData(walkingRouteResult.getRouteLines().get(0));
            //在地图上绘制 WalkingRouteOverlay
            overlay.addToMap();
        }
    }
    ......
};
```

(3) 设置路线规划检索监听器。

```
mSearch.setOnGetRoutePlanResultListener(listener);
```

(4) 准备起终点信息。

```
PlanNode stNode = PlanNode.withLocation(new LatLng(30.526716,114.405536));
PlanNode enNode = PlanNode.withLocation(new LatLng(30.52441,114.409808));
```

(5) 发起检索。

```
mSearch.walkingSearch((new WalkingRoutePlanOption())
    .from(stNode)
    .to(enNode));
```

(6) 释放检索实例。

```
mCoder.destroy();
```

步行路线规划显示结果如图 15-1 所示。

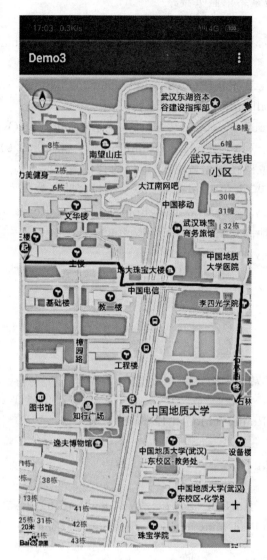

图 15-1 步行路线规划

2. 驾车路线规划

添加的菜单按钮,代码如下。

```
<item
    android:id="@+id/carRoutePlan"
    android:orderInCategory="100"
    android:title="驾车路线规划"
    app:showAsAction="never" />
```

驾车路径规划可以根据起终点和驾车路线的数据，使用 DrivingRouteOverlay 画出驾车路线图层，包括起终点和转弯点。支持自定义起终点和转弯点图标。

(1) 创建路线规划检索实例。

mSearch=RoutePlanSearch.newInstance();

(2) 创建路线规划检索结果监听器。

```
OnGetRoutePlanResultListener listener=new OnGetRoutePlanResultListener() {
    ……
    @Override
    public void onGetDrivingRouteResult(DrivingRouteResult drivingRouteResult) {
        //创建 DrivingRouteOverlay 实例
        DrivingRouteOverlay overlay=new DrivingRouteOverlay(mBaiduMap);
        if (drivingRouteResult.getRouteLines().size()>0) {
            //获取路径规划数据(以返回的第一条路线为例)
            //为 DrivingRouteOverlay 实例设置数据
            overlay.setData(drivingRouteResult.getRouteLines().get(0));
            //在地图上绘制 DrivingRouteOverlay
            overlay.addToMap();
        }
    }
    ……
};
```

(3) 设置路线规划检索监听器。

mSearch.setOnGetRoutePlanResultListener(listener);

(4) 准备起终点信息。

PlanNode stNode=PlanNode.*withLocation*(new LatLng(30.526716,114.405536));
PlanNode enNode=PlanNode.*withLocation*(new LatLng(30.52441,114.409808));

(5) 发起检索。

```
mSearch.walkingSearch((new WalkingRoutePlanOption())
    .from(stNode)
    .to(enNode));
```

(6)释放检索实例。

mCoder.destroy();

驾车路线规划显示结果如图 15-2 所示。

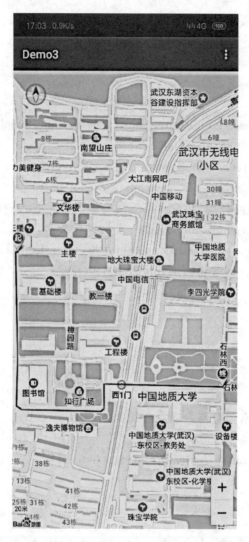

图 15-2 驾车路线规划

主要参考文献

百度. 百度地图 Android SDK[EB/OL]. [2019]. http://lbsyun.baidu.com/index.php?title=androidsdk.

陈洲. 基于百度地图山东城市服务能力研究[A]. 中国统计教育学会. 2015年(第四届)全国大学生统计建模大赛论文[C]. 中国统计教育学会: 中国统计教育学会, 2015: 23.

董翊明. 浙江特色小镇背后的两化转型经验总结与应对——基于新古典主义视角的百度地图POI大数据方法[A]. 中国城市规划学会、沈阳市人民政府. 规划60年: 成就与挑战——2016中国城市规划年会论文集(04城市规划新技术应用)[C]. 中国城市规划学会、沈阳市人民政府: 中国城市规划学会, 2016: 16.

马艳丽. 基于百度地图的自动售货机远程管理系统[D]. 石家庄: 河北科技大学, 2019.

钱建国, 李智程, 吴财, 等. 基于百度地图API的移动端旅游信息管理系统[J]. 测绘与空间地理信息, 2019, 42(5): 25-28.

单博文. 基于百度实时路况及热力图的道路拥堵分析研究——以哈尔滨主城区为例[A]. 中国城市规划学会、东莞市人民政府. 持续发展 理性规划——2017中国城市规划年会论文集(05城市规划新技术应用)[C]. 中国城市规划学会、东莞市人民政府: 中国城市规划学会, 2017: 13.

王彬. 基于地图API的道路交通运行评估及应用探索[A]. 中国城市规划学会城市交通规划学术委员会. 2017年中国城市交通规划年会论文集[C]. 中国城市规划学会城市交通规划学术委员会: 中国城市规划设计研究院城市交通专业研究院, 2017: 8.

王建勋, 毕超群, 王海龙, 等. 基于百度地图API的地震专题图自动产出应用研究[J]. 电脑与信息技术, 2019, 27(3): 63-65.

夏军. 基于百度地图API的快速制图系统的设计与实现[J]. 测绘工程, 2019, 28(4): 42-48.

赵晔晖. 基于百度地图API的气象信息显示系统设计与实现[J]. 重庆科技学院学报(自然科学版), 2019, 21(3): 84-88.